うちの猫がまた変なことしてる。 5

卵山玉子（たまごやま たまこ）

5巻です！
ありがとうございます

嬉しいときのポーズ

5

トンシノとのくらしも
長くなってきたので
年表にまとめてみました

そろそろ
自分でも
何があったか
忘れがち…

ざっくり うちの猫との歩み

1年目

2年目

3年目

トンちゃんが来た
譲渡会ではボケッと
してたのに 家に来たら
混乱したみたいで
なかなか懐かなかった

手足がでかい子猫

シノさんが来た
キレキレのトンちゃんに
「人間は怖くない」って
教えてくれた恩猫
体が弱くてしょっちゅう
猫風邪をひいていた

実家猫トラちゃん 永眠
この世で一番
いいやつだった

猫まんがを描き始める

子猫を短期で預かる

動物愛護団体で保護された3きょうだい「たねお」「みのる」「えだこ」と1ヶ月くらい預かり生活
みんな利口で可愛かった

たねお♂
みのる♂
えだこ♀
チーム名は「こずえきょうだい」

「人をダメにするクッション」をダメにされる

ジョ〜……

シノさん、病院で歯垢除去

4年目

お気に入りのスツールが「大きい爪とぎ」にジョブチェンジ

5年目

たねおを再び預かる

みのる&えだこが2匹でボランティアさんの家に預かられたので残ったたねおが寂しかろうと新しい家族が決まるまで卵山家で預かることに

大きくなって帰ってきたよ

みのる&えだこ良いご家庭にもらわれる

YATTANE

6年目から現在

この巻では6年目からのことを中心に描いていきます
3年目は特に事件がなかった。平和!!
トンシノもいろんな面で少しずつ成長しています
すや…
人間だったら30〜40代かな
トンちゃんは腕力がアップしてる気がするし
バーーン
クローゼット扉
開けられるようになった!!
シノさんのメンタルもますます強くなっています
おりなさいシノさん
ムシーーン…
おり…
乗ってはいけない所
ムシシーン
聞いてる!?

預かり猫の たねおは
まだうちで暮らしています
ZAITAKU
ハハハ
かわいいからすぐに新しい家族が見つかると思ってたんだけどなー
まぁハンデあるし焦らず探そうね

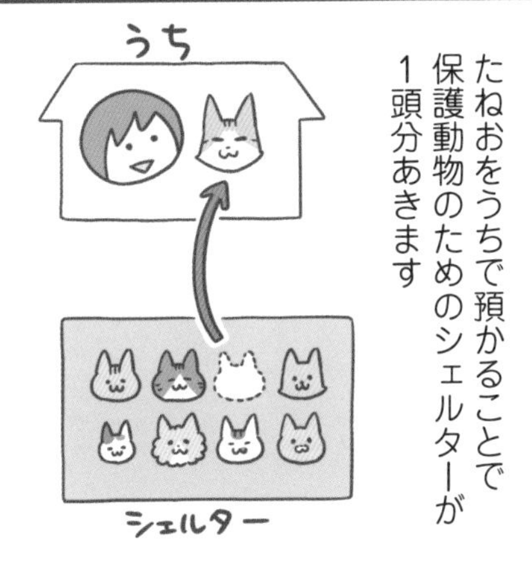
たねおをうちで預かることで保護動物のためのシェルターが1頭分あきます
うち
シェルター

そうして どこかでもう1頭命が助かったらいいなと思い預かりを続けています
良縁を願ってやってください!

ちなみに現在トンシノとの仲は
シノさんとは「良」
ぺろ ぺろ
トンちゃんとは「不可」です
「ぶつぞ」のポーズで圧をかけるトンちゃん
……
ひぃ

もくじ

卵山 玉子

この漫画を描いている人。
好きなものは猫と漫画とカレー。
方向オンチですぐ道に迷う。
得意料理は肉野菜炒め

トンちゃん

性別:メス(2013年6月頃生まれ)
豪快さと繊細さをあわせ持つ猫。
基本おとなしいけど存在感がすごい。
年々動かなくなっていくボス猫

シノさん

性別:メス(2014年6月頃生まれ)
ビビりなのに好奇心旺盛な猫。
年々ボディがモチモチしてきた。
早朝にテンション上がりがち

夫
髪を切ったけどまた伸びてきた。
最近こんにゃくゼリーが好き。
得意料理はネギのおひたし
たねお
性別:オス(2016年8月頃生まれ)
愛護団体から預かっている
里親募集中の猫。
お尻のところの毛だけ手触りが柴犬
初代実家猫 シロさん
性別:オス(2003年没・年齢不詳)
チンチラっぽい元野良猫。でかい。
ごはんのとき以外は基本寝ていた
二代目実家猫 トラちゃん
性別:オス(2015年没・年齢不詳)
少し不自由な右目はチャームポイント。
ごはんより遊ぶ方が好きだった

第1章

3猫が変なことしてる。

代替

シノさんは世話好き
とにかく舐めたい猫
ペロ
ペロ
ペロ

お世話されすぎて
集中できないときは
べり

ややっ あんなところに
お世話しごたえの
ありそうな黒白が！
おやおやぁ

そ〜っ…
ペロロロロ

トンちゃんに押し付ける
なにか言いたげな
顔をする
ペロ
ペロ
ペロ
ペロ
……

「こんなにかわいいのに!?」

トンちゃんは
自分がアイドルだと自覚しているので
I am KAWAII

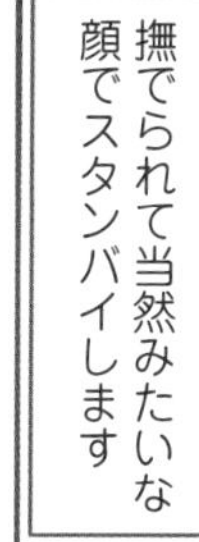

人が通りかかると
撫でられて当然みたいな顔でスタンバイします
くりっ
いそがしいそがし

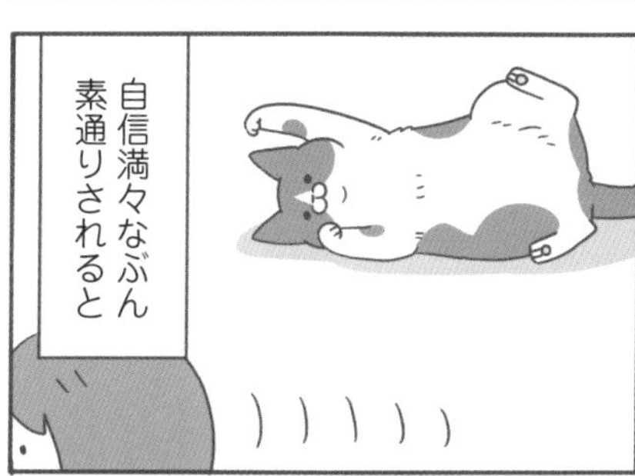

自信満々なぶん素通りされると

なんかショックを受けた顔します
あと10秒待ってトンちゃん
!?

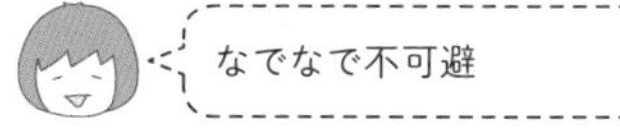

なでなで不可避

愛されているのが「当然」なのはとても良いことだ
よーしよしよしよし
うへへ

線引きしっかりしてる

たねおが退屈している

ぴ〜〜ゃ

ぴ〜〜ぃ

これ終わったら遊——

にょっ

めっちゃ高音

ちゃ——……

かわいい

こんなにもときめかせておいて

甘えんぼさん

ヌルリ

だっこは拒否されるのちょっと納得いかない

1個でも2個でも

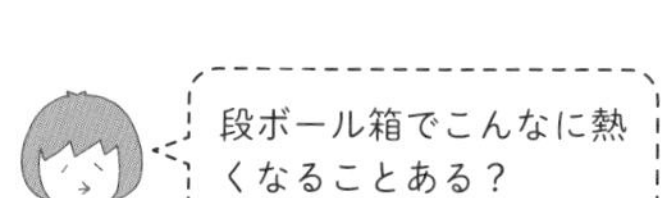

けっきょく
一緒に寝た

どっちも猫だけど

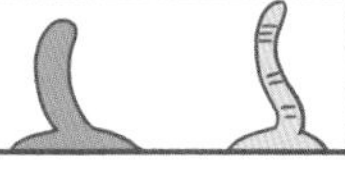

しっぽ
ボーン
……
ボカスカ
トンちゃんとたねおがもめている
ボカスカ
しっぽ
ボーン
キキュキュキュ
何かに似てると思ったら…
いちおう見守る
しっぽポンしてる2匹は
タヌキとキツネに見える
ゴゴゴゴゴゴゴ

負けた方が早い

仕事が終わらなくて
やばいときでも
1日に30分くらい
シノさんをだっこします

スプルル…
プルルル…!

しばらくだっこすると納得するみたいで、そのまま寝たり どこかに立ち去ったりします

見てたよ

のちのちのち

物陰から
急に飛び出して
びっくりさせる遊び

んばっ

なんで わざわざ
怖いトンちゃんに
ちょっかいを出す…

ムー!!

ははは

見た？
今の…

……

じっ…

…ひどくない？

あの猫…

ひどくない…!?

顔面で言いつけてくる

場所

椅子の下で寝ちゃって座れなくなるパターンもある

たまにカラスが遊びに来てカァカア言っています

寝てるシノさんにちょっかいを出しに来たところ

トンシノとたねおが変なことしてる。

トンちゃんに占拠された猫トンネル。後輩猫は順番待ち

猫会議中。なぜトイレを囲む…

ふと見たら変な座り方

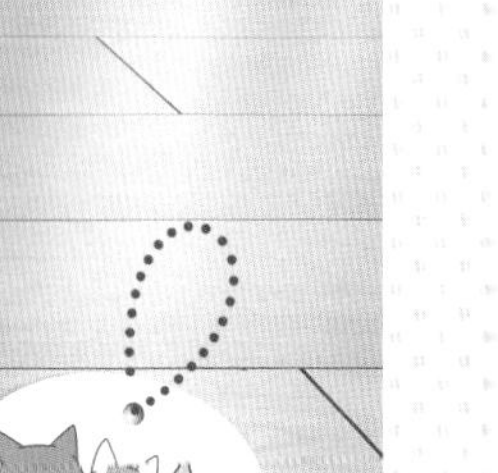

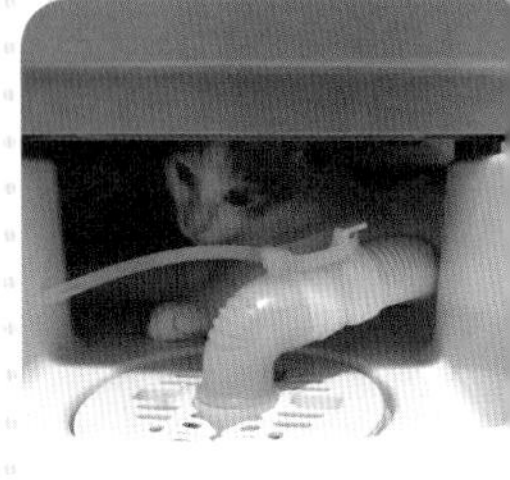

洗濯機の水音を聞くたねお

たねお お気に入りの寝床を取っちゃうトンちゃん

新しい座椅子を警戒するトンシノ

とりあえず寄り添ってみる

最終的に人気者になった座椅子

基本こう、ビヨーンとなって寝てる

猫のために箱を一生懸命加工したんだけど、「は？」って顔された

おでこを舐めてもらって嬉しいシノさん

あきらめスピーディー

オヤツ

飼い主について歩くトンちゃん
オヤツがほしい↓

オヤツ…
このままウロウロさせれば少しは運動になるのでは

ウロ
ウロ
ウロ
ウロ

ウロ
ウロ
ウロ
ウロ

チラリ
ああっ
とつぜんの無
すぐ省エネモードになる猫

自由すぎる

ワーワー言いながら布団に入ってきたと思ったら10秒で出てったりもする

漫画っぽい

トンちゃんのかわいいところの一つは
※かわいいところは全部で100万個くらいあります
……

こいつはけっきょく何者なの…

ウィーーン
アオーーォ
ぴゃっ

ガターン
びっくりすると小さく跳ぶところ
ぴゃっ

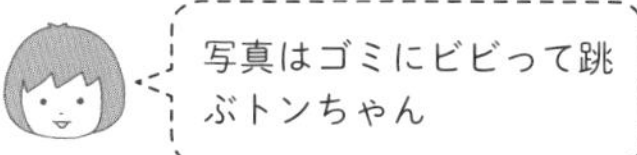
写真はゴミにビビって跳ぶトンちゃん

びっくりしたあとくっついてくるところもかわいい
……

メンタルケアしてください

ソファから落ちたトンちゃん

大丈夫!?

たまに寝ぼけて落ちる

トンちゃーーん

ストトトト

トトトトトト

大丈夫？トンちゃん大丈夫？

落下音でシノはびっくりしましたよ

びっくりしたのでおでこをなめてください

……

ぺろ

ぺろ

「逆じゃない？」って顔

……

こっち見ないで

人の常識は通用しない

撫でられていた猫が

ゴロ…　ゴロ…

なで　なで

急に暴力をふるう現象

バギャー

いたい

「もう撫でなくてけっこうです」という意思表示です

ほーん

ねこのおもい

なるほど　こういうことね

なでて　なでて

パ

もういいです

ねこのおもい

今さらだけど　**ひどくない!?**

うるさいのう

おいうち

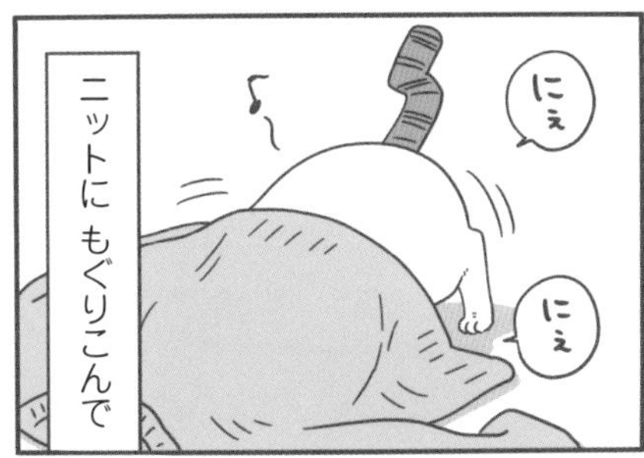

トンちゃんはなぜか、ニットに入ってる状態のシノさんをやたら攻撃します

うちの猫がまた
変なことしてる。
5

第2章 猫と四季

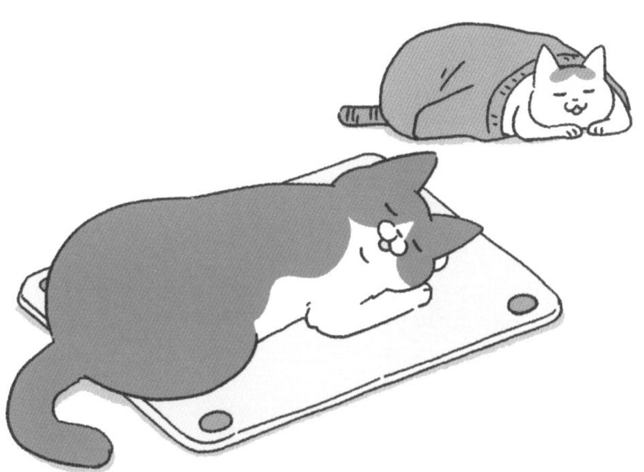

立った理由

食事中

醤油取ってくる

ありがとー

おあ〜〜ん
おあ〜〜ん

たねおが悲しんでる

たねお大丈夫か

ピュ

……

別に鳴いてみただけですけど？

こんにゃろーー

……

尻ポンポンして

わざわざついてきた

ポ ポ ポ ポ

ゴルゴルゴル
ゴルゴル

いや

そろそろ換毛期だよねぇ

あのう

醤油は…？

忘れた

諦めの散らかし

たねおの謎のマイブーム
花粉症
夫がごみ箱に捨てたティッシュを
せっせと取り出して部屋に散乱させること
何度捨て直しても一生懸命引っぱり出す
キリがないので放置した結果
部屋がティッシュまみれなんだ
なぜか少し楽しそうだった

イケメンの趣味

たねおは音に敏感

ウィーー…ン

じっ

最近 洗濯が終わると洗濯機の下に潜るので

いそ いそ

何かあるのかね？

覗っ

サラ…

サラ…

ピチョ

排水のせせらぎ（水の音）を聞いている…！

サラ…

じいっ

サラ サラ

いい趣味だと思う

また余計なことを

最初遊んでるのかと思ってたんだけど、丁寧に取り除いていた

嵐の前の騒がしさ①

嵐の前の騒がしさ②

能力者たち

猫を飼ってる人は

たぶんみんな
身につけてる能力
じっ…
夏の快適
インテリア

これは…
タオル地
シーツ
サラ
サラ
パイル地

猫にバリバリにされやすい
素材を見分ける能力
「ビーーー」って
やられるね
ビーーー
やられるね
シーツ

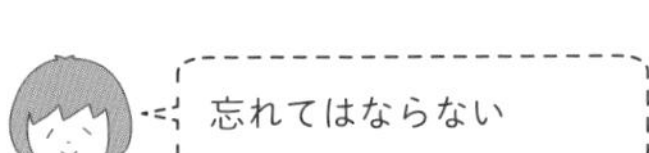

忘れてはならない

3日ぶんチャージ

元々くっつき虫
だったけど
しばらく会わないうちに
強化されたようです

春物を出したそばから猫毛まみれにされる

窓辺で昼寝していた猫の背中が熱々になってて焦る

飼い主のぬくもり

段ボール箱で猫の巣を作った

私の着古したニットをしいてある

穴

ごそごそ

そのニットふかふかで寝心地いいと思うよ

ごそ…

ぐいぐい

……

一瞬で追い出された

すや

ズルリ…

暑かっただけだよね
嫌なわけじゃないよね

肌寒い

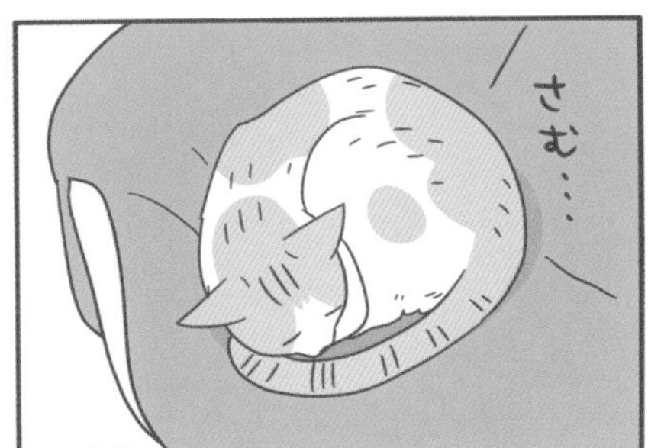
さむ…

さむ…

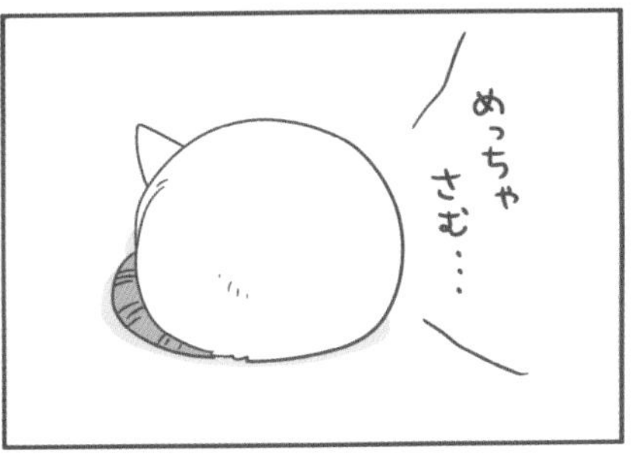
めっちゃ
さむ…

あったかスポット用意してあるんだけど…
フカフカ
はー
さむいさむい
なぜか全部ムシされる

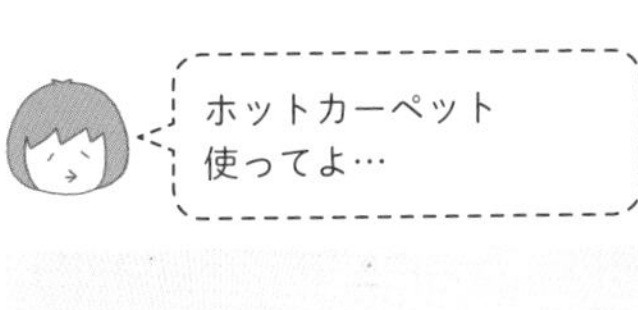
ホットカーペット
使ってよ…

ノートPCが
適温らしい

真冬のだっこ

ちょっとだけのつもりでだっこしたら、意外と粘られた

こたつと未来

我が家の暖房は
基本 床暖房

猫が床にはりつく

エアコンの暖房もたまに使う

なんか
鼻が
乾くよ

にぇぇん

猫とこたつで
ぬくぬく…

ハピネス

まんが

こたつへの憧れは
かなりあるんだけど

いいね…!!

怠惰な自分は きっと
こうなってしまいそうなので

えへへ

今日も
こたつで
寝ちゃお

ポテト

CAT FOOD

手を出せないでいる

冬の朝

寒…

眠…

ばっっ

でも最近すっかり夜型生活だし

ちゃんと朝起きねば

さむい!!

むいいいいい

………

もどし…

スヤッッッ

で気がついたら昼すぎだったってワケ

猫もどっか行ってた

台風を止めろと
飼い主に文句を言ってくる

冬毛効果で猫のモフ度が
アップする季節

シノサンタとトナカイ

5年目のクリスマスイブ

5年目のクリスマス

置いていかれタウロス

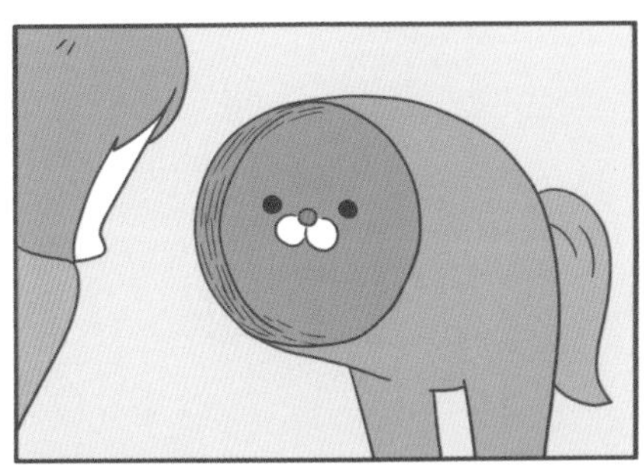

うちの猫がまた変なことしてる。
5
KARI
KARI
CATFOOD

第3章 猫とモノ

遊ぼう

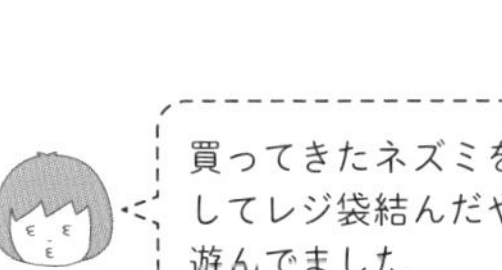

買ってきたネズミを無視してレジ袋結んだやつで遊んでました

操縦が上手くなったら遊ぶかもしれないので

練習中

詰んだ

先輩にぶつからないように遊んでいる

スタタタタタ―

ぶつかると怒る↓

スパーーン

スポーーーーン

私は猫語わからないけど

……

ピィ…

これ完全に「どうしよ…」って言ってたと思う

トンちゃんは賢いので「こいつはやばい」と思ったら目を合わさないのです

箱とブーム

猫にとって段ボール箱ってすごい価値があるものなんだろうな

箱の中身は

うちの猫は掃除機がすごく苦手です

作動してなくても怖い↓

ビク

何が怖いんだろう？

先日 掃除機を買い換えたとき

ビ

SO-JI 1200

大きい箱にはしゃぐ猫

何これ

何はいってんの

開けて開けて

たぶん好きじゃないと思うよ

くんくんくん

嫌な予感がしてくる猫

中身が掃除機だって気づいた猫

ホースが判断基準っぽいな…

じゃれたいめんどい

めんどくさがり屋の
トンちゃん
ボケー

猫じゃらし

じゃれたい
けど動くのめんどい…

じゃれたい
けど
めんどい
じゃれたい
めんどい

……
ポカポカ
ポカポカ
ニェーーッ
手近なシノさんで
済ますな

気づいたこと

昔はもうちょっと
跳んでた気がするけど
こんなもんだったような
気もする

たねおと箱

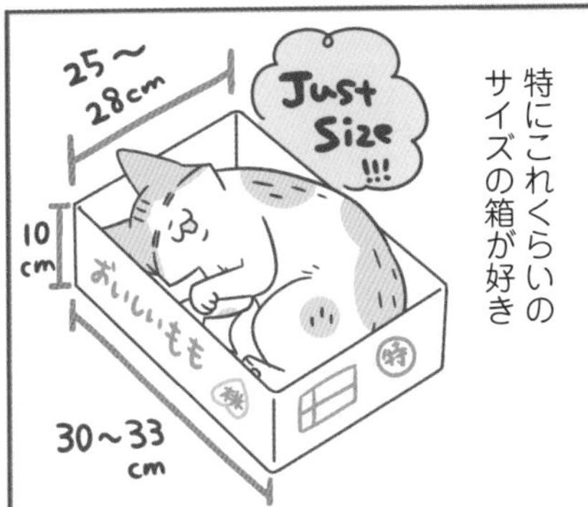

自分が大きくなってることに気づいてない疑惑

なんか寝づらい…

？

？

おいしいもも

桃

仲良くやっている

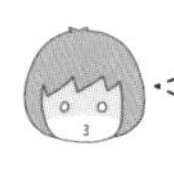

カウンターの上にいるフ●ービーがかわいがられているということは…カウンターに乗られている…

たねおの毛布

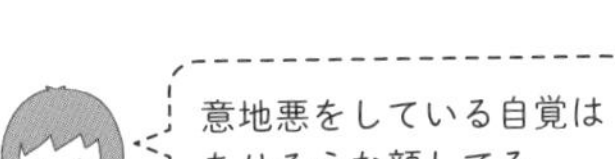

意地悪をしている自覚は
ありそうな顔してる

見守られる猫

リビングに見守りカメラを設置した

じー

留守中の様子もスマホで見られる

出かけた直後の猫の様子を見てみよう

シノさん玄関のほう見てニャーニャーいってる

ニャー

ニャー

寂しいんだね…

と思ったらすぐテーブル乗ったぞ

シュタン

いなくなったか確認してただけ…？

思ったよりやりたい放題だね

LIVE

…あとトンちゃん動かなすぎじゃない⁉

静止画のごとし

事故防止のため、たねおは別部屋で留守番。おりこうに寝てました

意志は強い

猫たちが掃除機を怖がるので

ヴォーーン

やーん

やーん

っっ

掃除機をかけるときは入れ替え制にした

1部

ドア

2部

ドア

トンちゃん掃除機かけるからあっち行ってー

やだもん

フェルトトンネル

平気ならいいけど…

慣れたのかね

ブィーーン

………

キョドキョド

キョドキョドォ

しっかりとビビっていた

あっち行かせました

さよならは突然

シノさんが気に入って毎日遊んでた猫おもちゃが

毎日ちゃんと楽しむ

先日ついに壊れた

↑中身

まずい…これが動かないと

早く早く

シノさんが荒ぶってしまう

ニャアアアア

なんで動かないんじゃー

しーん

シノさん今日は別のおもちゃで…

……

そうか

そいつは…死んだのか

えっ 穏やか

猫なりに理解したのか

翌日からこのおもちゃを要求しなくなりました

シノさん今日はいいのかい?

ないけど

忘れてなかった

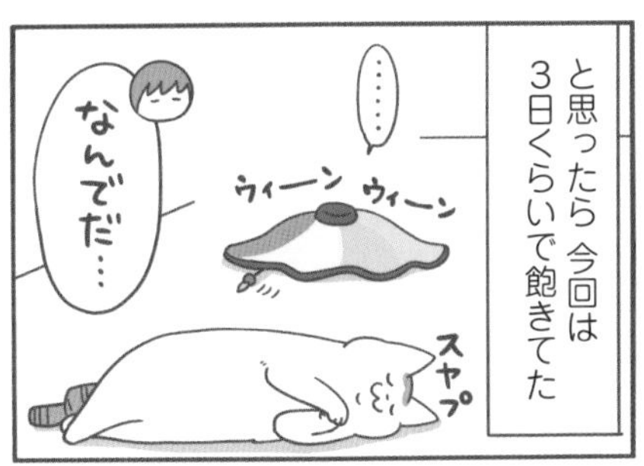

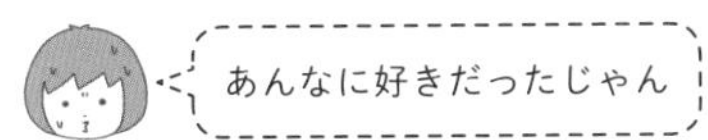

1代目が壊れたタイミングでちょうど飽きてたのかもしれない

空気読めなかった

こういう鈍感なところも たねおにイマイチ懐かれない理由かも

ちょっとハイテク！
最近のヒット猫おもちゃ

虫っぽく動くやつ

ンビビビビ

予想以上に虫っぽくて
なんか嫌だけど
猫たちは盛り上がっている

LEDライトおもちゃ

数年ぶりに出してみたら
リバイバル大ヒット！
なぜか今の方がウケてる

YouTubeの猫じゃらし動画

シノさんがハマっている。
テレビ画面のダメージが心配

トンちゃんとたねおは
そこまで反応しない

うちの猫がまた変なことしてる。
5

第4章 猫のお世話

助けたいけど捕まりたくない

動物病院に行く気配を

ペット用キャリーバッグ

すばやく察知して逃げる準備をするシノさん

すぐ洗濯機の下に逃げこめる体勢

今回はトンちゃんだよ
(年1回のワクチン)

トンちゃんなの!?

んーーぷ

んーーー

すまぬ……
力強っ……

トンちゃんに何をする!!!!

にゃあああああ

にゃあああぁ

おあああぁ

洗濯機

そんな安全地帯から抗議されましても

突然の裏切り

たねおにとって
夫は「安全地帯」
イヤなこと
しない人
爪切りとか
する人
こわい猫
ケケケ
フレンドリーな
猫
先日
あっ
尻にカラカラの
ウンチ付いてる
取ろう
えっ

猫といっしょに
寝るの 汚くない？
猫飼う前
取れないなぁ
猫が苦手だった夫の
この行動には感動
…と同時に
ちょっと引いた
ウンチを素手で

一方たねおは 信頼していた人に
尻をいいようにされ絶望していた
次からウンチも
私が取るよ…
ティッシュで

お世話したい猫

気持ちは嬉しいんですけど ね、眠くないときに やってほしいんですよね

基本舐め放題のトンちゃん

猫と食器

新しいエサ台とエサ皿

皿

穴

台

ななめになってる

前のセット

オール100均

この食器…ッ

食べや す〜い

ポリ

ポリ

ポリリッ

いつものカリカリをモリモリ食べている

よかったよかった

が

おかわり!!!

ニャアアア

食べやすすぎて食べすぎる…!!

顔が隠れてればOK

たねおもトンシノも
爪切りは嫌いだけど
攻撃してこなくて
偉いです

意外な事実

気づけばシノさんより
大きくなった たねお
一番大きいのは
←トンちゃん
先日2匹そろって
動物病院に行った
歯の治療
ワクチン接種

シノさんは体重
4・05キロで…
たねおは…
あシノさんと同じだ
ぴったり
4.05
4.05
えっ

たねおはシノさんより
「大きい」というか
同じ…
同じ…!?
「長い」猫だったようです

シノさんは こう
ギュッ…
と詰まっているのだ

突然のショボショボ

トンちゃんの特技
「カメラ」目線

先日
ショボショボ
トンちゃんが目ショボショボしてる
……

ぶつけたのかな
ショボショボリ
明日もショボってたら病院で診てもらおうか
もう夜遅いから
症状の写真撮っておこう
トンちゃんこっち見て

カシャ
プイ

カシャ
プイ

カシャシャシャシャシャシャ
弱ってるときは撮られたくないっぽい
プイプイプイ
プイプーイ

これは寝ながら遊べるので気に入ってた

どうなってるのかよくわからないポーズ

ナイスな胸毛

ゲームをジャマしてるところ

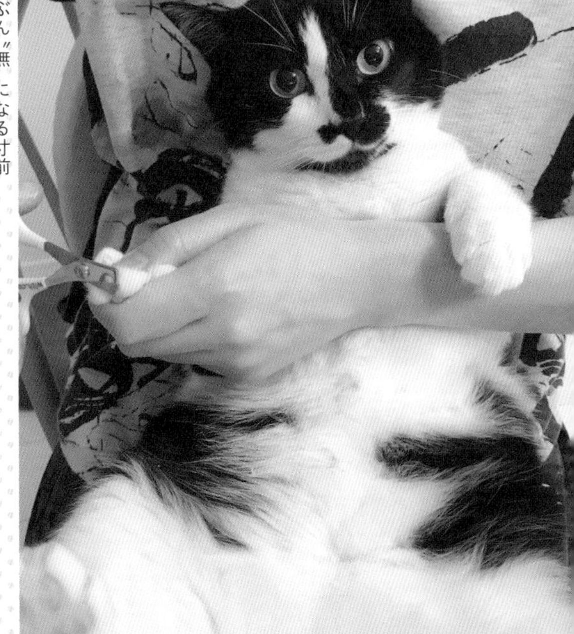

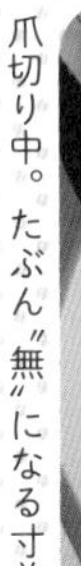
爪切り中。たぶん〝無〟になる寸前

顔も手足も腹毛もしっぽも良い

ひも事変① 紐とお片づけ

ひも事変②
油断
先日
あっ猫おもちゃしまい忘れてた
うっかり！
…まぁトンシノは一度もおもちゃ誤飲したことないしテーブルの上だし
しまっとこ
大丈夫でしょ…
紐 どこ？

ひも事変③ 飲んだかも

無くなった紐を
家中探しまわった
ソファの
すきま
家具の下
猫が
隠しそうな
ところ
どこにも無い

やっぱり
飲んじゃったのかも…
布団の
中にもない
飲んだとしたら
トンちゃんか
シノさんだよね
たねおは このとき
別室で寝てたので
セーフ

どっちが飲んだのか
不明だったけど
2匹とも
かもしれないし
なんで
さわいでんの

なんとなく 飲んだのは
トンちゃんぽい気がしてた
チラリ
チラ
おなかが
すいたなぁ
ほんと
なんとなく
なんだけど…
ヒソ
すごく
トンちゃんな
気がするな
ヒソ

ひも事変4　病院へ

手術する可能性もあるし
いつもの先生にお願いしたい

ビエーーン

ひも事変⑤ トンちゃんの診察

ひも事変⑥　急に出たから

反省してます

ひも事変⑦　満タンのトンちゃん

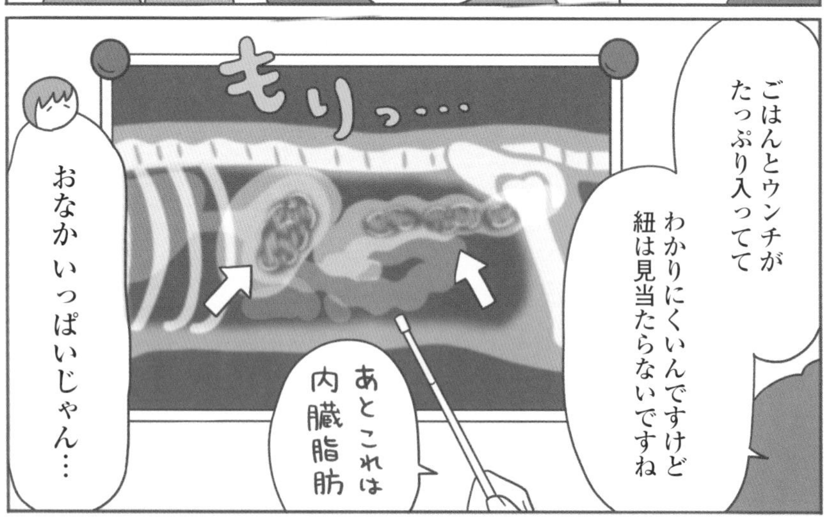

ひも事変8
異常なし
ひとまずトンちゃんは大丈夫そうだったので
やだやだやだ
ごめんね…
シノさんもレントゲン撮影
レントゲン
かわい〜〜い
…こちらも異常や異物は見当たらないですね
あとこれは内臓脂肪
この感じだったらもし紐飲んじゃってても
無事にウンチと一緒に出してくれそうだなぁ
飲んでなければベストだけど…
今日は家で様子見て明日もう一回レントゲン撮りましょう
さっき飲んだバリウムが
明日
ちゃんと腸内で運ばれていればひと安心！
トンシノがウンチしたら紐を探してくださいね
棒でこう…
棒で…

ひも事変 9　おつかれトンシノ

🐱🐱 ひも事変 ⑩

いろいろ感謝

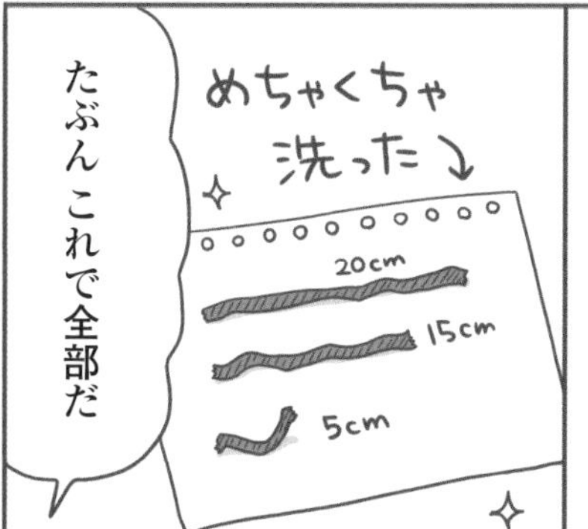

うちの猫がまた変なことしてる。

5

第5章 なごむ猫ぐらし

侵入者たち

隙あらばクローゼットに侵入する猫たち

ああああ
毛まみれ

トンちゃんは いつの間にか入り込むので要注意

腕力で開ける

ぐっ…

……

シノさんは

にゃっ

にゃっ!!

にゃっっ

むんず

うるさいので未然に防ぎやすい

あっちで遊んでくださーい

んいいいいいい

寝顔

猫ちゃんを覗くとき、
猫ちゃんもまたこちらを
覗いているのだ

不意打ち

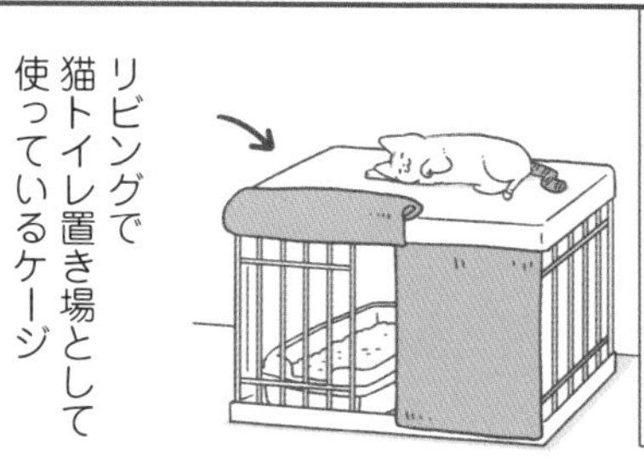

4巻でトンちゃんのウンチが消えた話をしたけど、そのときのウンチかな

分かち合いたい

猫たちの夕飯はウェットフード

お湯を少し加えて人肌に温める

ウェット

誰よりもテンションが上がるシノさん

ウェット大好き

ふおおおおおお

ごはんだね ごはんだね

にゃあああああ

シノさんはデキる後輩なので

トンちゃん トンちゃん

すやすや

ちゃんと先輩を起こしに行く

ごはんですよ!!

ぺ

……

いい奴だな

別にいいけど

このタオルを引っ張り出すブームは最近落ち着いたっぽいです。よかった

そして洗いたての足に毛をくっつける

急に始まって急に終わる

寝起きの たねおは
……
30%覚醒

おっはよー
スリリ
私に対して いつもより フレンドリーな気がする

50%覚醒
よしよしよしよし
あれ…？

思い出した… この人のこと…
爪切り
歯みがき
70%覚醒

100%覚醒
あんまり好きじゃないんだった
バレたか
モギュッ
ボーナスタイム終了

明るいと眠れないタイプ

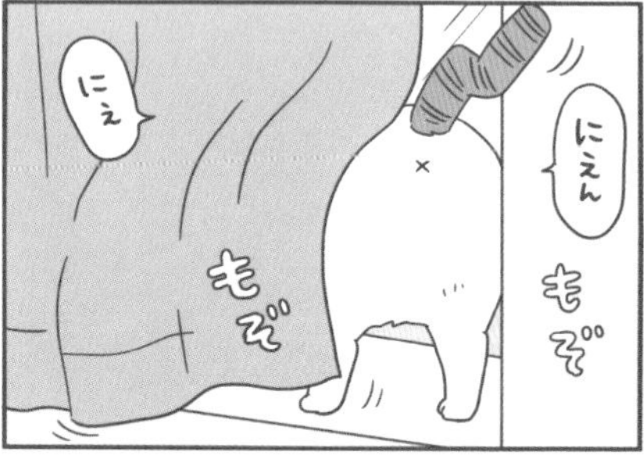

昼夜逆転しがちな生活なので、最近はアイマスクして寝ています。
すごい快適!!

撫でられ待ち。とても丸い

帰宅すると出迎えてくれる

このセーターは
シノさん専用

シノさんが
変なこと
してる。

ゲーム中にシノさんからだっこ要請が。かわいいけどやりにくい

ノートPCが好き（あったかいから）

隙を見せるとスリッパを取られる

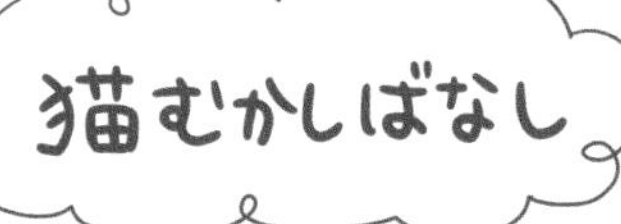

猫むかしばなし

カプ太郎

ドンブラコ

昔々 おばあさんが
川で釣りをしていると
ドンブラ

川上から 大きな大きな
オモチャポンカプセルが
にええええ
にゃあああああ

うるさいので
拾ってみると
ゴロゴロ
ゴロゴロ

中から猫が現れました
カプセルから生まれた
カプ太郎の誕生です

旅立ち

鬼はどちらなのか

完

猫童話

猫とシンデレラ

マジカル猫ちゃん

カボチャの馬車 

意外と楽しくなった 

完

モフり間違い

朝方

んぇ

んぇぇん

一緒に寝るかね

うん

夢うつつで猫を撫でる

なで

なで

幸せの極み…

なで

…ん?

毛布 撫でてた

なで…

どうしても

たぶん人がいなくなったらまた乗ってるんだろうなー

ごめん無事ならいいの

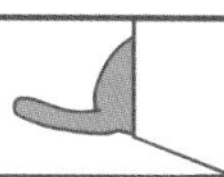

トンちゃんが見当たらない

トンちゃん

あれ？

トンちゃーん

なにしてんの

なにしてんの

トンちゃーん

窓とか開けてないから家の中には いるはず…

なのに見つけられない

思わぬところで倒れてたりしたらどうしよう

トンちゃん…

トンちゃん!!

結局トンちゃんはテレビの裏にいた

なんなの大声だして

怒っているの

怒られるの

たぶん寝てただけ

飼い主の切迫した呼び声にビビって出てこられなかったと思われる

添い寝の達人

トンちゃん
一緒に寝よう

断る!!!
モペン

……………

…シノさん
だっこしようか？
パァン
あ、けっこうです

断られても
関係ないんで
ドゥン
メンタルの強度
すごいな

それが猫

業者さんが計測に来た

スーツにスリスリスリスリ

やめなさい

踏み台を占拠

どいてなさい

いつもはお客さんにここまで寄ってこないくせに…

グイグイ

グーイ

カタログ

作業してる人のジャマをせずにはいられない生き物

シノさんは人見知りなので別部屋に隠れていました

今までできなかったじゃん

キャットウォークの取り付け工事中は

ここで工事

廊下

玄関

脱走防止のため 猫は別部屋にいてもらった

猫ドアも封鎖

専用のフタ

猫ドアのフタは開けるのにコツがいるから猫には突破できないのだ!

上方向にスライドさせて

バコッ

バコッと外す

開けよった

即収容

カリカリカリ

このタイミングで進化しないで…

ドキドキ

(テープ)

このとき玄関が開いてなくてよかった。
キャットウォークは無事に完成しました

トンちゃんは褒められたい

トンちゃんはたねおが苦手

近づくと怒る

ムー

たまに平和に挨拶ができたとき

おりこう!!

トンちゃんえらいね

よしよし

……

褒め讃えるようにしていたら

最近

ぺろ ぺろ ぺろ ぺろ

チラ

あいさつしたらほめられる…

ぺろ ぺろ ぺろ ぺろ ぺろ

……

チラァァァァ

なんかアピールしてくるようになった

猫語習得なるか

たねおは人を呼ぶとき独特の鳴き方をする

おあああお

いつもは甲高い声

キュイ～ン

おあぁぁあのん

マネしてみた

おあ～～～のん

おあああん

のそ…

・・・・・・・

猫寄ってきた

すごい!!

「集合」って猫語喋れてるんじゃない!?

……

いや違うなこれ

ドン引きしている

ドキ

ドキ

奇声あげてるから様子見に来ただけだな

うちの猫がまた変なことしてる。

5

第6章 3猫の成長

トンちゃんの成長

キレキレ期は環境が変わったことでテンパってたんだと思います

持って生まれたもの

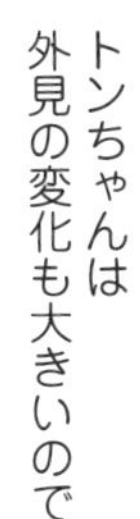

トンちゃんは
外見の変化も大きいので

AFTER
BEFORE
もっ…
シュッ…

幼少期の写真を見ると
誰？
と思ってしまいます

でも
生後半年くらい

寝姿はこの頃から
すでに「トンちゃん」だ
BEFORE
AFTER

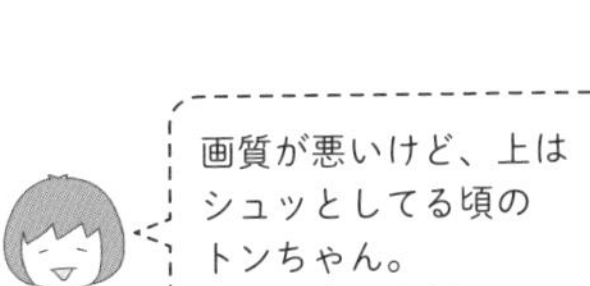

画質が悪いけど、上は
シュッとしてる頃の
トンちゃん。
下は現在の寝顔

進化するデレ

最近のトンちゃん

トンちゃん
一緒に寝よう

んんっ

来る

ここにおいで

ポンポン

来る

んんっ

寝ようか

ゴロゴロゴロ

寝る

…大型犬かな？

忠っ

これはまだ1歳くらい。すでにゴロゴロしている

子猫の頃。
すごい顔でごはん催促

シュッとしている
トンちゃん

寝相は相変わらず。
手足の大きい子猫だった

トンちゃん思い出アルバム

珍しく丸まって寝てるところ

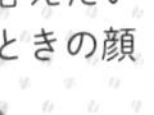

甘えたい
ときの顔

安定のシノさん

シノさんは幼少期からあまり変わっていないと思う

性格も見た目も

うぇい うぇい

BEFORE
↓
AFTER

うぇい うぇい

少し前は

ピンポーン

インターホンの音がすると慌てて隠れていましたが

ズシャー

今は慣れてきたようです

ピンポーン

警戒はする

シノさんあんまりビビらなくなったね

よかったよかった

……

じつはちょっと怖かったので

にぇ

にぇ

だっこしてほしい!!

にゃあああ

猫なりにいろいろ頑張っている

避妊手術とヒヤヒヤ

シノさんは家に来てから
1ヶ月くらい
体調が良くなかったので
来た翌日に
猫風邪
結膜炎が
なかなか
治らない
にゃー
毛布
ずっと鼻水
出てた
へぶし
避妊手術が予定より
遅れてしまいました

そろそろ発情が
始まっちゃうかもなー
メスは生後
半年くらいで
発情始まるらしい

メス猫は発情すると
大声で鳴いたりする
みたいだね
オァ〜
オァ〜
オァ〜
オァ〜

発情してなくても
うるさいシノさんが
発情してしまったら…
にーやあああ
ああ
あ
ああ
めちゃくちゃ
うるさいのでは…!?
たぶんもう
生後半年

かわいかった

ある日

グネリン

グネリン

なんかシノさんがグネグネしてる

まさか…

発情が…

ミギャース

始まってしまったのかッ

イメージ

キュキュ

ミィ

えっ

キュ

キューキュ

えっ

発情期のシノさんは一周回って小声だった

キュー

スリスリ

キュ

かべ

その小声 日常で使ってくれないかね

シノさんの体調も回復してきてたので、完全に発情する前に避妊手術できました

シノさん思い出アルバム

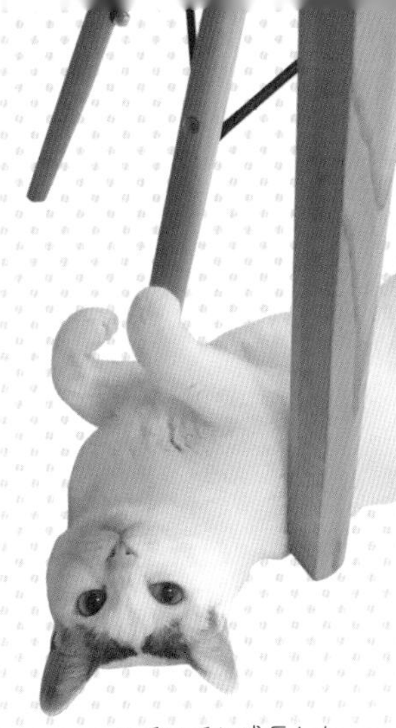
モチモチに成長したシノさん

アイコンタクトがとれる子猫

良い顔で寝る

家に来てすぐ風邪をひいた

布にくるまりがち

たしかイタズラして捕まったところ。ヘラヘラしている

体力ボーイ

たねおは運動が大好き
遊んでるときの写真
ほぼ残像

預かり始めた頃
子猫って
すごい動くな
ッバ一ッ

でも大きくなったら
動かなくなるんだろうね…
し一ん
nyamazon
想像図
今のうちに遊んでもらお

現在
跳びたい…
ダッシュしたい…
細マッチョ

イライラする!!

むしろ
パワーアップしている
猫じゃらしをふれ!!!!
にゃおおう
んおおう

トンちゃんとたねお

たねおは最初 トンちゃんと
よくモメていましたが

イメージ

今は喧嘩にならない
距離感をつかんだようです

トンちゃんのパンチが
届かない距離

たまに毛づくろいに
チャレンジしてみる

しょり…

!?

ムー

肝試しみたいな感覚で
遊んでいる気もする…

わははは

シノさんとたねお

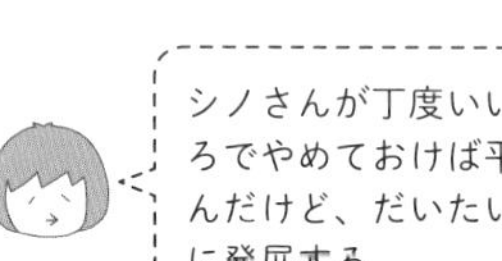

シノさんが丁度いいところでやめておけば平和なんだけど、だいたい喧嘩に発展する

たねお思い出アルバム

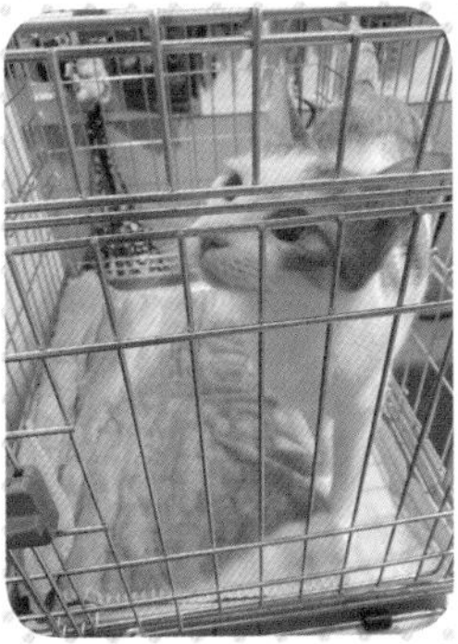

譲渡会参加中。頑張っているたねお

元気な残像

キャットウォーク、猫に好評です。
付けてよかった

たねおはスポーツマンで、
大変スタイルがいい

きょうだい猫と一緒に預かってた頃

3匹の中でたねおだけちょっと細長かった

うちの猫がまた
変なことしてる。
5

第7章
猫まみれな日々

飛び越える

意外と添い寝してくれるトンちゃん

なぜか毎回 緊張しながら布団にやってきます

呼ばれるの待ってる

もじもじ

トンちゃんおいでー

おいでおいで

このへんで寝たい

踏んではいけない

……

びょーーん

そしてけっこうな確率でジャンプ失敗します

ドゥーーン

ぐぇーー

ど努力はしてたよね!!

お刺身刑事

夕飯がお刺身かどうか
毎日チェックするシノさん

ちょっとテーブル
見させてもらって
よろしいですかね

はい…

ははーん

はんはん
はん

これ。ね。
おしょうゆと
ワサビが
ありますね

はーん

小皿も
ありますなぁ

最近ではテーブルに
お刺身本体が無くても

状況証拠から
詰めてくる

夕飯はお刺身ですねッ!!!

ニャーーーッ

くれ

※お刺身刑事は
ワイロ(お刺身)を
渡すと大人しく
なります

ニョホホホ

わざとじゃないはず

たねおが気に入ってる遊び
ぴょん

ぴょん

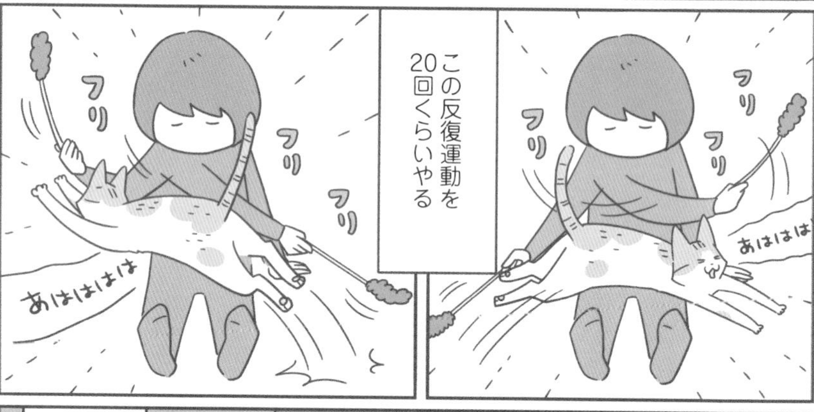

この反復運動を20回くらいやる
フリ
フリ
あはははは
フリ
フリ
フリ
フリ
あははは

飼い主に若干のダメージが入りますが
ビッシ
ビッシ
……
たねおは楽しそうなので黙っています

不思議なチカラに責任転嫁

おかえり

飼い主が帰宅すると

ただいま

むくり

律儀に出迎えるシノさん

おかえり

ムニャス

寝てていいよ

たまに眠すぎて

おか・・・・

え・・・・・

出迎え途中で力尽きたりする

パタリ

り・・・・・

寝てていいって

思いあがった

さっきからトンちゃんが
かわいい顔で見つめてくる

ふかふか座イス→

じっ…

なによー
甘えちゃって
かわいいヤツめ

なでて
ほしいのカナ⁉︎

スル

……

ふっ

でかいため息

トンちゃんは
甘えてたんじゃなかった

「そこで寝たいから どけ」
と言っていたのだ

推しの猫

私の中では、体重6キロ超えから「大きい猫」。
トンちゃんは4.85キロなので意外と小さいです

大きい猫を語りたい

にゃんまるは喘息の持病があるため、里親募集はしていません

大ショック

トンちゃんにオヤツをあげる

あ
多く出しすぎた
戻そ

ササッ

オヤツ

……

渾身の3度見

なんで減らした!?

ンン

ふみふみ男子

今思えば強い。あとオス猫の方が甘え猫が多いと聞いたことがある

不器用

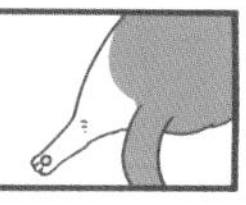

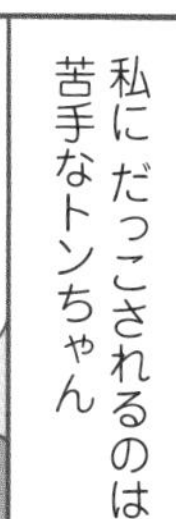

膝の上には
たまに乗ってくれますが

慣れないせいか
乗りかたが若干おかしい

膝に乗るのは
いいんだけど、
両腕で拘束されるのが
好きじゃないみたいです

うるささのバリエーションが多い 

大人げない猫

トンちゃんは かわいいけど
ガブー
ニャー
キャッ
キャッ
けっこう意地悪だ
のす…
ビク
ぺんぺんぺん
ぺんぺん
ひー
真ん中で寝る
ゴロニャンッ
……
けっこう意地悪だ

よくやられるやつ

どっか痛いのかなとか
心配して声かけると
「は？」って顔される。
元気でなにより

谷根千ねこさんぽ

『TokyoWalker』に掲載されたさんぽ漫画だよ

「谷根千」

谷中、根津、千駄木の3つのエリア

谷中霊園

夕焼けだんだん

だいたいこの界隈

千駄木

根津

けっこう大人になるまで「谷根千」て駅があるんだと思ってた

千駄木駅からさんぽスタート!

千駄木駅

メトロで来た

「谷根千は猫の街」ってよく聞くから

どこかで出会えるといいなぁ

と思っていたら精巧な猫の彫像が!

なでたい!

ニャーン

この看板猫が迎えてくれるのは「ギャラリー猫町」さん

猫テーマの作品専門のギャラリーなんだって!

展示内容はどんどん変わるから一期一会の作品に出会えるかも

スリッパも猫だよ!!

猫作品を堪能したあとはへび道と谷中キッテ通りを散策

オシャレな街並にうきうきしている

物欲が暴走している

猫の一筆せん

たわしのストラップ

猫のレターセット

パン本

楽しい…めっちゃ楽しい…

キッテ通りは最近ついた名前なんだよ

休憩に寄ったのは「カフェ猫衛門」さん

猫メニューがたくさん!!

「フクちゃん」と名付けた

猫スイーツを頂きながら招き猫の絵付けができるよ

うちの猫のも作ったよ

最後は夕焼けだんだんで

夕焼け見たいな

谷中

谷中ぎんざを歩きながらふと気がついた

生身の猫1匹も会ってないじゃん

でも猫成分たっぷりで大満足なさんぽだった…

猫はみんな家の中で寝てるといいよ

5
うちの猫がまた変なことしてる。

第8章 猫飼い冥利

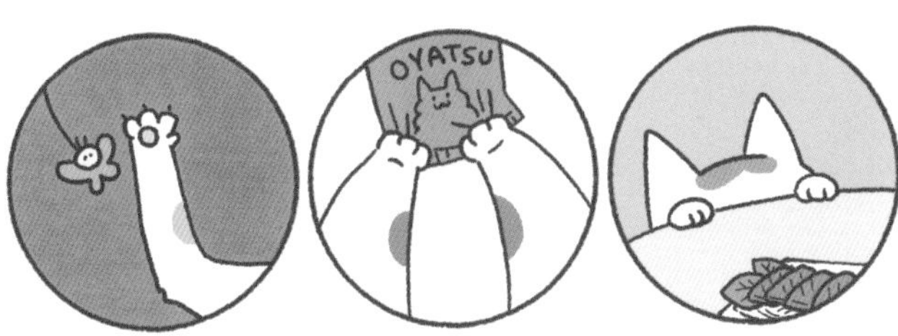

シャッターチャンス

写真に収めねば

スヤタン

猫がかわいい

あ――

あ――

あっ起き…

ぺっちょ――

あ――

たいていこうなる

尊さフルスロットル

あっ
起きる!?
うん

起きねば

むくり

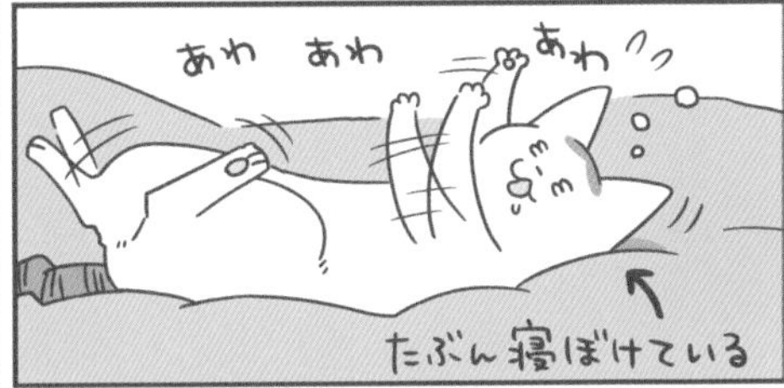
あわ　あわ　あわ
たぶん寝ぼけている

うぉおおおおぉ

君は…起きた瞬間から
かわいいんだな…
シノも起きたよ
いっしょに起きたよ
んにょん

トンちゃんとお客さん①

トンちゃんとお客さん②

あっ　そうか

いつも お客さんが来たら
オヤツをもらってるから

ほーら怖くないよ

お客さんは
オヤツを
くれる…

今回も もらえると信じて…

怖いけど勇気を出して
ご挨拶してるんだ

こんにちは　こんにちは

えらいね…！
修理屋さんの代わりに
私がオヤツあげようね

ボリ　ボリ
ボリ　ボリ
ボリ

ボリ　チラッ…

あちらの
お客さんから
まだオヤツを
もらっていませんが…

行くな
行くな

オヤツに関しては
なんでそんなに
勇気りんりんなの…

シノさんたちは別部屋に隠れていました。テレビは基盤交換したら直った！

天気と機嫌

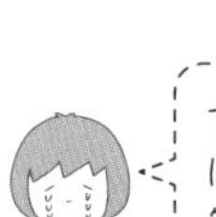

できたら上機嫌でいて
ほしいんだけど、
気圧はどうにもできない

いろいろ取られる

服に
入らせろ
入らせろ
入らせろ
いたたたたた
ほり
ほり
ほり

ゴロゴロゴロゴロ
ゴロゴロゴロゴロリ

ヨーグルト食べる?
食べる
にぇぇ

くれくれ
くれくれ
くれくれ
ヨーグルト

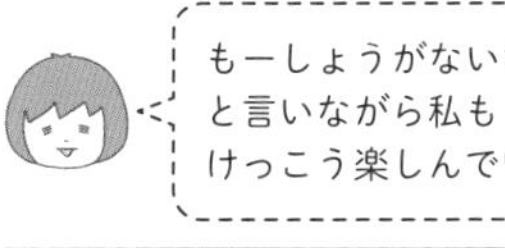
もーしょうがないな――
と言いながら私も
けっこう楽しんでいます

服はあげた
ヨーグルトもちょっとあげた
ちゃむちゃむ

こんなときに限って

パンイチにだっこされてても猫はかわいいんだけど、できたら服着てほしい

トンシノ思い出アルバム

シーツ替えを全力でジャマするトンシノ

のちに大きい爪とぎに転身するスツール←

やり返されるトンちゃん

シノさんが楽しんでるところをグシャッとする

気難しいトンちゃんをほどよく尊重しつつ
ほどよく雑に扱ってくれるシノさん

2匹とも尻ポンポンが好き

ぐいぐい添い寝

夢でダッシュ

動かなさに定評のある
トンちゃん
すや
すや

ピク…

走ってる夢
見てるのかな
パタ
パタ
パタ

パタ…
パタ…

……
数秒で
しん…
夢の中でもあんまり
動いてなさそうだな

通りすがりの者です

ウンチ後のたねお
埋め 埋め 埋め 埋め 埋め 埋め
ズバ
埋めすぎて逆に掘ってるよね…！
片づけるため待機
ズザザザ
ザ
ザ

フライ アウェイ
言わんこっちゃない

ふぅ
すっきり

「お前がやったのか…？」みたいな顔↓
ちゃ〜…
違うわ

うわ
ウンチある!!
二度見↓

午前3時の自由時間

夜中

にえええええええ

夫に絡むシノさんを薄目で見守る

にえええい

起きてるってバレたら絡まれる…

熟睡↓

……

ぞべぞべ

ぞべぞべ

ぞべぞべ

ぞべ

うーん

髪の毛はみ

はみ

はみ

はみ

…人が寝てるスキに

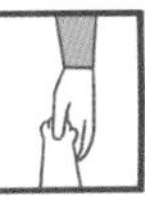

ネコミュニケーション

猫と目があったら

ゆっくりまばたきして
目をそらし
……
すっ…

と伝える
コミュニケーション術
敵意はありませんよ

最近うっかりして
人間にもやっちゃう
ハッ

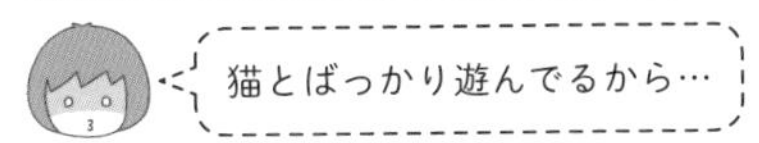
猫とばっかり遊んでるから…

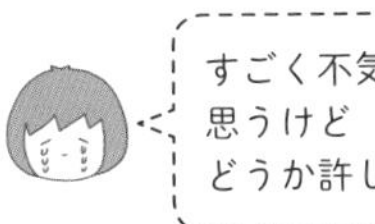
すごく不気味だと
思うけど
どうか許してほしい

ねぇ
高い声で
ん〜〜〜？
と返事するのも
たまにやっちゃう

ですから

人間のサプリメント

オヤツ!?

君のオヤツじゃないですよ

ほらね

くんくん くんくん くんくん

オヤツじゃない…

いったん現実逃避

……

再チャレンジ

くん くんくん くんくん

オヤツじゃないねぇ…

……

んまー…

オヤツじゃないんですよ

博愛おでこ

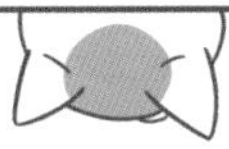

シノさんはおでこを撫でられるのが大好き
ちょりちょりちょり
ニョホホホホ

にぇ

ペろペろペろペろ
ニョホホホホ

にぇ

ペろ
ペろ
ペろ
ペろ
ニョホホホホ
だからシノさんのおでこはしょっちゅう湿ってるのか

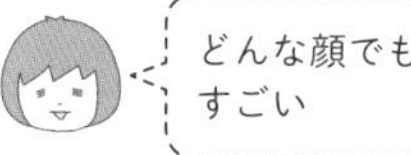

どんな顔でも最高で
すごい

すごい生き物

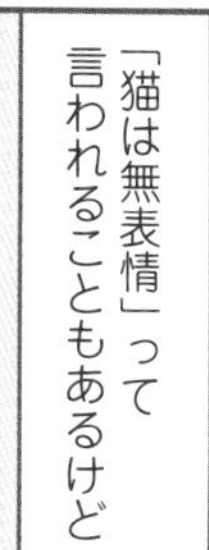

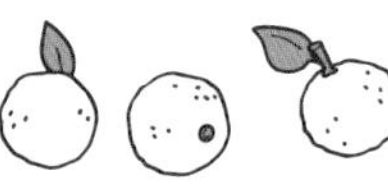

あとがき

この本を手にとってくださり、ありがとうございます。

早いもので5巻目となりました。
とても嬉しいです。

キリがいい巻数なので今までの漫画を読み返してみたら、
トンちゃんは別猫みたいに変化してますね。
シノさんはあんまりブレてない気がします。

猫漫画を描いてよかったことは
こうして猫の思い出を忘れないでいられることと、
何かあっても「漫画にしよ」というマインドで
乗り越えられることだと思います。

さきほど作業している私の横でトンちゃんが
尻にくっついたウンチを床にスリスリして去っていきましたが
これもいつか漫画にしようと思います。

改めまして、今回もたいへんお世話になった
編集担当の森野さん、デザイナーの千葉さん、
この漫画に関わってくださった全ての方と
猫たちを愛でて応援してくださる皆さまに
心より感謝いたします。

またお会いできますように！

2020年5月　卵山玉子

STAFF

ブックデザイン
あんバターオフィス

DTP
ビーワークス

校正
齋木恵津子

営業
大木絢加

編集長
山﨑 旬

担当
森野 穣